来看看，金钱的乐园

毛妮妮　栾笑语　著

潘　婷　绘

“好消息！好消息！”妮妮正睡得迷迷糊糊，就听见有人在耳边喊：“财智银行开业了！开业了！”

妮妮睁开眼睛，只见小燕子站在自己的枕头边上。

“小燕子，好久不见！”

“好久不见！我有好消息告诉你！”小燕子扇扇翅膀，“财智群岛的财智银行开业了，妮妮可以在银行里开户了！”

“开户？那是什么？”妮妮一头雾水。

“财智国王不是送了你一张财智币吗？你可以将钱存在财智银行里，以后账户里的钱越来越多，妮妮再去财智群岛就有钱花了。”

妮妮眨眨眼睛，“我还是不明白。”

“关于钱的事情，钱自己更清楚，还是让财智币给你讲讲吧。我要通知其他朋友，先走喽！”还没等妮妮说话，小燕子翅膀一振就飞走了。

妮妮睡不着了，银行的事情不弄清楚怎么行！妮妮悄悄下床，打开自己的百宝箱，拿出那张财智国王送来的财智币。长方形的纸上，一面是各个岛自己的钱币，一面是妮妮和财智国王的笑脸。一想起自己在财智群岛的故事，妮妮就笑了。

“别笑，别笑！现在我们要讨论十分严肃的事情了！”财智币在妮妮的手里动了动，财智国王的头像居然说话了。

“你是财智国王？”妮妮惊讶地问。

“不是，不是！我是财智币，借用一下财智国王的嘴巴。”财智币朝妮妮做了个笑脸。“财智银行开业了，这可是件大事。我是光荣的 100 元财智币，我说的话你可要认真听！”

“有一些地方，叫做金融机构，是金钱的乐园！在那里，金钱可以经历许多有趣、冒险的事情。可以让钱的数量变得更多，也有可能变得更少；可以先睡上一大觉，也可以每天不停地奔跑。银行就是这样的地方啦！”

“等等！你越说我越糊涂！”妮妮说。

“别着急啊！”财智币说，“我一直在妮妮的百宝箱里睡大觉，原来是 100 元，现在还是 100 元。如果你把我放进可靠的金融机构，我的数额可能就会每天增加。”

“妮妮到金融机构设立自己的账户，就叫做开户。妮妮可以把钱存在自己的账户里。”

“可是……”妮妮说，“把钱存进金融机构，那钱还是我的吗？”

“当然！钱还是妮妮的，是在妮妮的账户里面呢。”

财智币说：“金融机构会给妮妮一本存折、一张银行卡或者一份合同，作为凭证。”

“妮妮家附近就有银行，是最常见的金融机构之一，银行有项很重要的工作，就是帮助人们储蓄。”财智币说，“人们不着急用钱的时候，就把钱存进银行，等需要钱的时候，就可以把以前存进去的钱全都取出来。人们可以到银行的柜台取钱。”

妮妮点点头，妈妈带自己去过银行，把金钱的数额告诉柜台里的阿姨，阿姨就会把钱递出来。

“人们还可以到路边的 ATM 机取钱。”财智币说。

没错，没错！妮妮看到爸爸站在一个小机器面前，把银行卡插进去，在机器上点一点，机器就会把钱吐出来。

“钱住进银行，钱的数额可能会越来越多，多出来的这个部分就叫做利息。”财智币说，“每隔一段时间，你的账户就会有增加的利息，这是因为银行使用了你的钱，为你支付的报酬。”

“奇怪，奇怪！”妮妮说。

财智币骄傲地说，“我们可是大有用处的金钱呢！妮妮把暂时不用的钱存进银行，银行再把钱借给需要用钱的人，用钱的人需要额外支付一定的费用。银行给妮妮的利息就是从这里面出。”

妮妮点点头，“看来，钱不能只是睡在家里。

“财智币，为什么我爸爸的钱不在银行，而是在一个叫做股票市场的地方？”妮妮想起爸爸说过他的钱都放在股票市场里。“除了银行存款，我们还可以通过别的方式进行投资，让金钱在不同的地方发挥作用，股票就是其中的一种。”

“比如，妮妮最喜欢去的游乐园，建设这样的游乐园需要很多钱，如果没有足够的钱，应该怎么办？”财智币提出问题。

“哇！游乐园！”妮妮兴奋着说，“可以向银行借钱呀！”

“可是要满足银行的条件才能从银行借钱呢！不是所有的人都可以的。”财智币说。“那怎么办呢？”妮妮疑惑了。“嗯……我的钱可以借给他！”

财智币拍了拍手说：“这是一个好办法！让喜欢游乐场的人一起出资建造，每个出资人都成为游乐场的一份子，妮妮，这样你就成为了游乐场的一个股东了。”

“股东？”

“对啊，就是游乐场的收益有你的一份，但万一有损失，你可能也会一起受到损失。”财智币说。

“还会有损失吗？”妮妮问。

“当然，比如游乐场里的设备损坏了，需要修理；游乐场需要每天有人维护等，这些都需要持续付出金钱。”

“那可怎么办？”妮妮说。

财智币笑了，“不用担心！我们有个办法能减少意外的损失，可以为游乐园买一份保险。万一设备坏掉了，保险公司就会赔钱给游乐场，他们拿了钱就又可以继续经营了。”

“保险又是什么？”妮妮问。

“保险公司也是我们金钱经常去的地方。”财智币说，“有时候人们发生风险后，会产生损失。我们可以提前购买保险，抵御未来可能出现的风险。”

“好，那快点让保险帮忙保住我们的游乐园吧！”妮妮说。

财智币说：“在生活中，很多机构都可以为我们提供各种理财服务。银行、证券公司、保险公司、基金公司……哇！好多呢！”

“现在还有很多新兴的机构，它们能兼容很多功能，好玩又时尚。”财智币说。

“还有这样的地方？”

“是啊，这些机构为人们提供各种各样的金融服务，比如宜信财富，很多人都愿意把自己的财富交给他们管理。”财智币说。

“财智币，你知道的事情可真多！”妮妮说。

财智币上的财智国王露出很得意的表情。“啊！差点忘了最重要的事情！”财智币突然大叫，“那就是风险！在金钱的乐园里，风险永远存在。你一定要知道自己的钱在金钱乐园里究竟做了什么！”

“好了！说了这么多，妮妮，你要把我放到什么地方呢？”财智币手舞足蹈地问着。

妮妮看了看财智币上面的数字“100”，对着财智币说：“我要和爸爸妈妈一起研究一下。还要告诉小花和小明，他们还不知道这些事情呢！”

玩转财商

来看看，金钱的乐园

为什么自己的压岁钱存在银行里，账户上的钱变多了？为什么家里的汽车要买保险？爸爸电脑上的红红绿绿的数字又是什么？在我们的生活中，孩子经常会看到大人们在做着或者听到大人们说起家里和钱有关的事情。这时，可以通过角色扮演的小游戏，让孩子了解身边的金融机构是如何产生的，不同的金融机构在“金钱的乐园”里有什么样的作用，从而让孩子们更深入地参与到家庭的金融决策中来，也许“小巴菲特”的种子就种在孩子们的心中了。

我们要准备什么呢？

一定量的贝壳币或货币若干；
投资人角色卡、金融机构角色卡、借款人角色卡；
（见本册书附带道具）
借款人任务卡（见本册书附带道具）；
投资合同示例、借款合同示例（见本册书附带道具）

1

爸爸、妈妈和孩子三个人抽取角色标签。金融机构、投资人与借款人各一人。每个人念出自己的角色任务。

2

游戏计时开始，限时10分钟为“1年”。

投资人和金融机构之间签署《投资合同》，投资人决定投资金额，投资人和金融机构共同协商投资收益，每次投资期限为1年。

借款人和金融机构之间签署《借款合同》，借款人和金融机构共同协商借款金额和借款利息，每次借款期限为1年。

3

借款人挑选并购买借款人任务卡，完成卡片上面的任务后，得到相应的收入。“1年”之内，可以做多个任务。

4

“1年”到期，金融机构向借款人收回借款本金和借款利息，向投资人支付投资本金和投资收益。

5

可根据活动时间，决定游戏的轮数；也可以大家交换角色，相互体验角色任务。

毛妮妮

“财智少年”青少年儿童财商教育项目创始人，金融教育从业十余载，是中国最早从事青少年儿童金融启蒙教育、财经素养培养的实践者之一；曾任瑞银金融大学（UBS Business University）中国区总监，全面负责瑞银集团中国区“第二代培养计划 —— Young Generation (睿隽计划)”的策划、设计与实施，亲历中国超高净值人群财富传承，对于中产阶层人群的财富积累、财富观养成、财富意识打造具有独到见解；近年来，一直致力于传播正确的财富观、培养青少年经济社会的独立生存能力和理性选择能力，帮助其提升幸福感。

栾笑语

吉林大学文学硕士，资深媒体人。
长期关注宏观经济和微观经济、青少年财商教育，对儿童心理学也有研究。
现供职于《经济日报》，为主任记者。

财智少年订阅号

财智少年服务号

扫一扫听绘本

⚠警告WARNING:
内含游戏道具，不适合3岁及以下儿童玩耍，请在成人指导下使用。

来一起做任务吧！

投资人

初始资金100元。将手中的钱投资到金融机构，尽可能高地获得利息

金融机构

尽可能以低利率从投资人手上拿到钱，以高利率借款给借款人，并在一年底将借款本金和贷款利息收回，并将投资本金以及投资收益归还给投资人

请沿线剪开

借款人

借款人目前身无分文，需要在金融机构借到钱，通过完成任务卡中任务，挣到钱。挣到钱后，在一年底连本带息归还金融机构

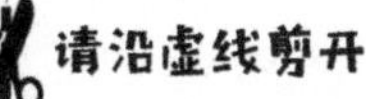

角色卡

角色卡

角色卡

请沿虚线剪开

原地捏鼻并低头转3圈

付出10元
回报10元

深蹲起10个

付出20元
回报50元

唱一首自己喜欢的歌

付出10元
回报30元

右手跨过后脑勺，从左边摸右眼

付出5元
回报15元

给其他家庭成员揉揉肩膀或者说我爱你

付出5元
回报50元

模仿你认为有趣的广告，边唱边跳

付出20元
回报50元

为其他家庭成员讲一件你认为有趣的事情

付出30元
回报60元

模仿七个葫芦娃中的一个

付出150元
回报40元

用乒乓球运球，围绕客厅转一圈

付出40元
回报60元

单腿蹦10下

付出20元
回报40元

付出　　元
回报　　元

付出　　元
回报　　元

请沿线剪开

*空白卡片请自行填写任务

请沿虚线剪开

任务卡

任务卡

任务卡

任务卡

任务卡

任务卡

任务卡

任务卡

任务卡

任务卡

任务卡

任务卡

请沿虚线剪开

投资合同

投资人：
金融机构：

现经双方友好协商，投资人和金融机构达成协定如下：

1、投资人将______元人民币交由金融机构管理，期限为一年，利息为________。

2、规定期限结束后，金融机构应将本金及利息如数支付给投资人。

投资有风险，投资需谨慎。

借款合同

借款人：
金融机构：

现经双方友好协商，借款人和金融机构达成协定如下：

1、投资公司将_______元人民币借给借款人，期限为一年，贷款利息为_______。

2、规定期限结束后，借款人应将本金及利息如数支付给金融机构。

请沿虚线剪开

投资合同

投资人：
金融机构：

现经双方友好协商，投资人和金融机构达成协定如下：
1、投资人将______元人民币交由金融机构管理，期限为一年，利息为________。
2、规定期限结束后，金融机构应将本金及利息如数支付给投资人。

投资有风险，投资需谨慎。

借款合同

借款人：
金融机构：

现经双方友好协商，借款人和金融机构达成协定如下：
1、投资公司将_______元人民币借给借款人，期限为一年，贷款利息为_______。
2、规定期限结束后，借款人应将本金及利息如数支付给金融机构。

请沿虚线剪开